Disney·PIXAR
FINDING DORY

超级科学+系列

潜入水世界

青橙/编著　孔文/译

华东理工大学出版社
EAST CHINA UNIVERSITY OF SCIENCE AND TECHNOLOGY PRESS

·上海·

U0381323

剧情回顾

　　蓝唐王鱼多莉从小便患有短期记忆丧失症，一次意外让它与父母失散。多年来，多莉找寻父母无果，儿时的记忆也渐渐在它脑海中淡去。一天，多莉突然回想起了一些小时候的事，于是它循着记忆中的蛛丝马迹，来到了海洋生物博物馆，遇到了章鱼汉克以及童年时的朋友鲸鲨运儿。历经千难万险，多莉最终与父母团聚了。

你也想去美丽的海底世界看看吗？那就跟着多莉、尼莫和朋友们一起畅游海底世界，去探索那些不为人知的秘密吧！

探索前的准备

同为生活在海洋中的邻居，多莉、尼莫和朋友们有什么不同之处？海洋的生存法则是什么？现在就与《海底总动员2》的朋友们一同踏上探索之旅吧。在那里，你还会了解到关于各种海洋动植物的更多知识！

★ 浏览本书封面

- 看看封面图片，你注意到了什么？
- 阅读书名，找一找更多关于本书的线索。
- 根据书名和封面图片，你觉得这本书讲了什么内容？

★ 翻开书看一看

- 目录包括哪些内容？如果有不认识的字，圈出来查一查。
- 你最感兴趣的话题是什么？
- 书里有哪些插图或照片，其中是否有你认识的动植物？

在电影《海底总动员2》里，多莉和伙伴们的形象源于哪些海洋动物？在阅读过程中寻找答案吧！

目录

2 | 欢迎来到海洋！

4 | 在水中呼吸的海洋动物

6 | 在空气中呼吸的海洋动物

8 | 不同的海洋动物是如何获取氧气的？

10 | 水陆两栖性的动物

12 | 终生栖息在海里的哺乳动物

14 | 海洋动物大迁徙

16 | 比一比，鲸类和鱼类

18 | 海洋动物的运动方式

20 | 海洋中生存：安全第一

22 | 海洋中生存：寻找食物

24 | 认识小丑鱼和蓝唐王鱼

26 | 认识章鱼

28 | 伪装大师

30 | 远海水域

32 | 近海水域

34 | 珊瑚礁

36 | 海藻林

38 | 各尽其责

40 | 再见，海洋里的朋友们！

42 | 想一想

43 | 填一填

海洋是个神奇的地方，有很多像多莉那样奇特的生物！现在，我们就去畅游海洋，看看多莉和它的家吧！

欢迎来到海洋！

哇！海洋真大呀！

海洋面积占地球面积的70%以上，是一百多万种动植物的家园。河流和一些淡水湖中的水是淡水，而海水却是咸的！

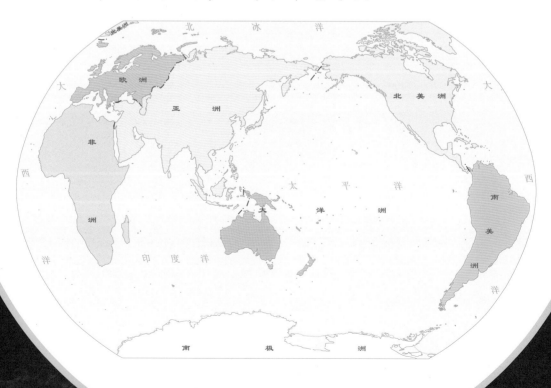

海洋栖息地

海洋真大呀！海洋中有些地方很温暖，有些地方很寒冷。海底有山川、峡谷，甚至还有海藻聚集而成的"森林"！不同的海洋生物生活在不同的海洋区域。

蓝唐王鱼

多莉是条蓝唐王鱼。蓝唐王鱼生活在近海的珊瑚礁和礁石之间。这种鱼特别怕冷，所以总在温暖的海域中生活。

快来认识一下多莉的朋友们吧！你瞧，有尼莫、运儿、雷老师……还有汉克！

在水中呼吸的海洋动物

鲸鲨

运儿是条鲸鲨。鲸鲨通常生活在靠近海面的地方，那里的海水可以照射到阳光，比较温暖。鲸鲨也是潜水高手，能潜到几百米深的水下。

章鱼

汉克是一只章鱼。世界上有300多种章鱼，每片大洋中都有它们的踪迹，它们大多喜欢生活在浅海地带。对了，你知道吗？章鱼有八条腿、三颗心脏！另外，虽然章鱼的名字里有"鱼"字，但它不是鱼类，而是软体动物。

小丑鱼

尼莫是条小丑鱼。小丑鱼身长约10厘米，生活在珊瑚礁中，时常与海葵共生。目前，世界上已知有28种小丑鱼。

斑点鹞鲼

雷老师的原型是斑点鹞（yào）鲼（fèn），它们非常喜欢近海温暖的水域，喜欢吃海床上的贝类、虾、蟹、海胆、章鱼等。独特的牙齿结构让它们能咬碎贝类的硬壳，轻而易举地尝到美味。

多莉的朋友们并不全是鱼类。想一想刚才我们说到的汉克，你就明白了。多莉有各种各样的朋友，有些生活在深层水域，有些生活在贴近海面的区域。来！跟贝利、龟龟和小古打个招呼吧！看，弗卢克和鲁德尔也在这儿！

在空气中呼吸的海洋动物

白鲸

多莉的朋友贝利是头白鲸。白鲸喜欢生活在北极寒冷的水域中，属于哺乳动物而不是鱼类。鱼类是变温动物，呼吸水中的氧气，会产卵。而哺乳动物是恒温动物，呼吸空气中的氧气，是胎生的。白鲸通常生活在海面附近，这样它们就可以随时浮出海面呼吸空气了！

海狮

弗卢克和鲁德尔是两只加利福尼亚海狮。它们生活在太平洋沿岸，在海里捕食，在礁石或陆地上休息。别看它们大部分时间都躺在礁石上享受日光浴，实际上，它们个个都是游泳高手，甚至可以在水里睡大觉呢！

海龟

小古和它的爸爸是两只海龟。海龟是早在恐龙时代就生活在海洋中的爬行动物，现在世界各地的海域里都能看到它们的身影。海龟需要呼吸空气，但它们是憋气高手，可以好几个小时不用回水面换气。

多莉和它的朋友们有一个共同之处——都需要氧气。像多莉和尼莫那样的鱼类从水中获取氧气。汉克，还有其他章鱼也从水中获取氧气。像弗卢克、贝利这样的哺乳动物则从空气中获取氧气，龟龟和小古这类爬行动物也一样。而我们人类呢？没错，我们也是从空气中获取氧气的！

不同的海洋动物是如何获取氧气的？

鳃

鱼类头部两侧的鳃，可以让它们在水中呼吸。鱼类在呼吸时，先吸入一大口水，然后通过鳃把水排出去。当水流经鳃时，溶解在水中的氧气会被吸收，鱼类就获取了氧气！不是只有鱼类才有鳃哟，章鱼也有鳃。

屏住呼吸

像鲸、海狮这样的哺乳动物可以长时间屏住呼吸在水下觅食，无须到水面上换气。有时贝利、弗卢克还会深潜，它们甚至会放慢心跳，这样肺中的氧气就可以让它们呼吸更长的时间。

喷气孔

像贝利这样的鲸头顶有喷气孔，喷气孔就像鲸的鼻孔。白鲸游出水面，通过喷气孔呼吸新鲜的空气，当它再次潜入水中时，它会关闭喷气孔，这样水就流不进去了。

有些动物既可以在陆地上生活，也可以在水中生活。我们称它们为水陆两栖性的动物。多莉的朋友弗卢克和鲁德尔就是水陆两栖性的哺乳动物。潜鸟贝琪也是水陆两栖性的动物哦！

水陆两栖性的动物

会翻转的鳍肢

看见海狮硕大的后鳍（qí）肢了吗？当它们爬上岸时，后鳍肢向前翻转，就变成了"脚"，它们就能用四只脚在岸上走路了！这就是海狮的适应能力。无论在陆地上还是在水中，海狮的鳍肢都特别有用！

超级游泳健将

加利福尼亚海狮是超级游泳健将！它们的游速通常可达每小时十几千米，最快速度可达每小时40千米。对于体重300多千克的动物来说，游得相当快了！它们还可以屏住呼吸，一口气潜到海平面下300多米的地方。

潜鸟

潜鸟也是水陆两栖性的动物，它们不但游得快，而且飞得也很快！它们可以在水下长时间屏住呼吸，抓鱼、觅食。

有些哺乳动物虽然需要在水面上呼吸，但终生生活在水中。多莉的好朋友白鲸贝利就是这样。现在，我们来认识一下像贝利一样的海洋动物吧！它们是哺乳动物，但从不踏上陆地半步。

终生栖息在海里的哺乳动物

抹香鲸

让我们先认识一下抹香鲸吧！抹香鲸长着一颗大脑袋——甚至可重达9千克！下颌有牙齿，主要以乌贼、章鱼、鱼类等动物为食。抹香鲸常常成群结队地生活在一起，几乎所有海域都能看到它们的身影。

海豚

海豚是世界上最聪明的动物之一！同白鲸一样，海豚生活在海洋里，但需要到水面上换气。海豚的头顶有个喷气孔，用来呼吸空气，就像我们的鼻子一样。海豚也广泛地生活在各个海域中。

蓝鲸

蓝鲸是地球上现存的最大的动物，它能长到30米长、160吨重呢！蓝鲸头顶上有两个喷气孔，但没有牙齿。吃东西的时候，蓝鲸会直接张开嘴，一口吞下附近的鱼类和磷虾，再将过滤后的海水从口中排出。蓝鲸同样生活在各个海域，但与白鲸和海豚不同，它们喜欢独处。

并不是所有动物都一辈子生活在同一个地方。看看多莉和尼莫，你就知道了！有些动物每年都会进行一次长途旅行，也就是迁徙（xǐ）。尼莫的老师——雷老师有很多这方面的知识，我们快去向它请教吧！

海洋动物大迁徙

动物为什么会迁徙呢？

有些海洋动物每年都会迁徙，其中最重要的原因就是觅食！另外，有些动物是为了去往更温暖的海域，还有些动物是为了去更加适合生存的地方生宝宝！

白鲸的迁徙

白鲸也会迁徙！白鲸一般生活在北冰洋较为温暖的浅海海域中，每年在海域冰冻前的秋季，鲸群都要向南迁徙几千米，到更温暖的海域过冬。

斑点鹞鲼的迁徙

斑点鹞鲼成群结队地迁徙，真壮观啊！

斑点鹞鲼是生活在海洋中的一种软骨鱼类，和鲨鱼是近亲。它们迁徙的场面极为壮观，这些平时独处的斑点鹞鲼每年聚集两次，游过数百千米前往另一片海域。它们为什么会这样做呢？人们还不太清楚原因，但有人认为很可能是在寻找新的捕食地。

贝利是白鲸，运儿是鲸鲨，名字里都有"鲸"，它们应该是同类吧？但实际上，它们完全不同！鲸鲨属于鱼类，而白鲸是哺乳动物。现在，就让我们来看看鱼类和鲸类的区别吧。

比一比，鲸类和鱼类

回声定位

像多莉这样的鱼是通过眼睛判断物体的位置、形状和大小的，而像贝利这样的白鲸是通过回声定位来发现和测量物体的。这种功能使得白鲸可以在大海里畅游！回声定位是如何起作用的呢？白鲸会发出声波，如果周围有障碍物，当声波碰到障碍物时，就会反射回来并被白鲸接收。通过反射回来的声波，白鲸就可以知晓周围环境的情况了！

鲸脂

鲸类的皮肤下面有一层包裹着整个身体的厚厚的脂肪，这就是鲸脂。鲸脂可以使鲸类在寒冷的海洋中维持正常体温。和人类一样，鲸类属于恒温动物，它们需要这层厚厚的脂肪来保暖。鱼类为什么没有这层脂肪呢？因为鱼类是变温动物，它们的血液温度与周围的水温是一样的。

鲸类

无鲸脂

有鲸脂

鱼类

尾鳍

我们再来比较一下鲸鲨和白鲸的尾鳍。和所有鱼类一样，鲸鲨的尾鳍是竖直状的，而鲸的尾鳍是水平状的。鱼类在游动时，尾鳍左右摆动；而鲸类在游动时，尾鳍上下摆动！

鲸鲨的尾鳍

白鲸的尾鳍

17

你注意到了吗？多莉的朋友们大小不同、身形各异。无论是汉克还是雷老师，它们都会用自己独特的方式去想去的地方！现在，让我们来看看多莉和它的朋友们不同的运动方式吧。

海洋动物的运动方式

用鳍游泳

背鳍　尾鳍　胸鳍　臀鳍　腹鳍

像多莉这样的鱼是用鳍游动的。蓝唐王鱼有五种鱼鳍：背鳍、腹鳍和臀鳍用来保持身体平衡，尾鳍左右摆动推动身体向前移动，身体两侧的胸鳍帮助它们转向！

喷射推进

像汉克这样的章鱼，总是头部朝前在水中穿行。它们先把水吸进头部，然后将水从身后喷出，这样就可以推动它们在水中快速前进！那么，章鱼的腕足是用来干什么的呢？原来，章鱼用腕足在海底爬行。

舞动前进

像雷老师这类身体扁平的鱼在游泳时，有的身体会像波浪一样摆动；有的会拍打着像翅膀一样的胸鳍在水中游动，如同鸟儿飞翔一般。有一种名叫粗尾魟的鱼，游动得非常快——速度可达每小时40多千米！

海洋是个迷人又危险的地方。想在海洋中生存，要牢记安全第一。我们看看多莉和它的朋友们都是如何保护自己的吧！

海洋中生存：安全第一

找不到我！

蓝唐王鱼通常躲在珊瑚礁的洞穴和缝隙中。它们一旦躲藏起来，体形较大的捕食者，如黄鳍金枪鱼或虎石斑鱼等就无法找到它们。看来，有时长得小也是件幸运的事啊！许多小鱼喜欢生活在珊瑚礁里，遇到危险时，它们可以迅速地躲起来。

抓不到我!

小鱼逃避危险的另一个办法就是快速逃跑。在珊瑚礁里，多莉有位色彩斑斓的好邻居，是一条带有蓝色条纹的隆头鱼。虽然个头很小，但它可以在海洋里游得飞快，捕食者很难抓到它。

以多取胜

许多鱼组成鱼群，结伴而行，这样更加安全。因为饥饿的捕食者看到的不是一条孤零零的小鱼，而是一个庞然大物在水中游动，所以不敢贸然靠近。

看不到我!

鳐鱼生活在海底，擅长躲藏。它们的肤色可以随着环境的变化而改变，与周围环境融为一体。有些鳐鱼会把自己埋在沙子里来躲避危险。当鳐鱼躲在沙子里一动不动时，无论是捕食者还是猎物都很难发现它们!

21

海洋动物在躲避危险的同时，还要想方设法获取食物。现在就让我们来了解一下各类海洋动物的独门觅食绝技吧！

海洋中生存：寻找食物

滤食动物

大型海洋动物并不总是捕食大型的猎物，鲸鲨就是这样！鲸鲨属于滤食动物，在水中游动时，它们张开大嘴，吞进大量的海水，用鳃把水过滤掉，留下大量浮游生物、小鱼和磷虾，然后把它们一口吞下！

带电猎手

电鳐会捕食生活在海底的动物。它们的下颚十分有力，可以咬碎猎物的外壳。它们不是用眼睛，而是用电流捕捉食物！电鳐的头部有传感器，可以感知猎物的电荷，据此确定猎物的位置。有些品种的鳐鱼尾巴上有毒刺，但这不是用来捕食的，而是用来抵御捕食者的攻击的。

美丽的陷阱

海葵很漂亮，但对海洋中的小动物来说却很危险！许多人认为海葵看起来像花朵，但它们实际上是动物。它们一生都附着在坚硬的物体上，触角上长着有毒的"飞镖"。它们舞动着触角，等待小鱼靠近。一旦小鱼靠近，它们就射出毒镖，击中目标，然后把小鱼拉进嘴里吃掉。

尼莫和马林把家安在海葵中。可它们如何在那里生活而不被海葵的触角蜇伤呢？多莉又有什么保护自己的秘密武器呢？答案可能会让你大吃一惊！

认识小丑鱼和蓝唐王鱼

小丑鱼

海洋中只有少数鱼类可以安全地生活在海葵的触角中，海葵的毒素伤害不到它们。小丑鱼就是其中之一。小丑鱼周身覆盖着一种黏液，这种黏液可以保护它们免受海葵毒素的伤害。小丑鱼生活在海葵的触角中，这样海葵就能保护它们免受捕食者的攻击。

互帮互助

海葵捕捉食物，小丑鱼住在海葵的触角中，吃海葵剩下的食物。小丑鱼也会帮助海葵：它们拍打鱼鳍，环绕海葵翩翩起舞，这样的舞动给海葵带来了新鲜的海水，帮助海葵苗壮成长！

退后！
我是刺尾鱼！

蓝唐王鱼多莉属刺尾鱼科。为什么叫它们刺尾鱼呢？因为它们尾巴上长着一根锋利的刺，这是它们的秘密武器！蓝唐王鱼生活在珊瑚礁的缝隙中，遇到捕食者时会尽快躲避。当受到威胁无法逃跑时，它们会用这个秘密武器攻击敌人，保护自己！

多莉的朋友汉克有很多保护自己的方法。现在就让我们来了解更多有关章鱼的知识吧！

认识章鱼

醒目的色彩

在海洋里生存，学会躲避敌人很重要。但海洋生物还有另外一种保护自己的方法，就是让敌人感到害怕，不敢接近它们。海洋中有些色彩代表危险。比如，当章鱼身上突然出现耀眼的蓝色光点时，这是在告诉你："危险！请勿靠近！"

喂！别抓我！

一旦敌人抓住了章鱼的一只腕足，章鱼便会断臂求生，果断逃走。一段时间后，断掉的腕足还会重新长出来，完好如初！

别被墨汁喷到！

章鱼还有一种令人叫绝的逃生方法——喷墨汁。墨汁喷出来时，周围一片漆黑，敌人根本看不清章鱼在哪里，它就可以趁机飞快地溜走了！章鱼喷出的墨汁除了让敌人看不见它，还可以迷惑敌人的嗅觉。这就是章鱼独特的"障眼大法"！

现在你知道了吧，在海洋中生活是很危险的！章鱼的生存技巧是不是令你印象深刻呢？除了前面提到的生存技巧，章鱼还非常善于伪装！下面我们就来了解一下章鱼等海洋动物在不同环境中是如何进行伪装的吧！

伪装大师

色彩与伪装

章鱼可以让自己的皮肤颜色与周围的环境融为一体，因为它们的皮肤下有很多微小的细胞，这些细胞会变色！如此一来，捕食者就几乎看不到它们了。章鱼甚至可以让它们的皮肤看起来凹凸不平、尖刺林立，如同海底的礁石或珊瑚。可以说，章鱼是整个海洋中的伪装高手！

变换身形

海蛇

伪装成海蛇的拟态章鱼

章鱼还会变换身形，使身体能挤进非常狭小的地方隐藏起来！有一种拟态章鱼，通过变换身形、颜色，甚至是移动方式，就能把自己伪装成另一种动物，如海蛇、比目鱼等，来迷惑捕食者。它们可以把自己伪装成超过15种的不同动物呢！

身披迷彩的乌贼

乌贼也是伪装高手。它们可以迅速改变颜色！白天，乌贼穿着明亮的、五颜六色的"迷彩服"，可到了夜晚，一切都变了！眨眼的工夫，它们便和周围的环境融为一体。

在广阔的远海水域，海洋分为很多层，每层位于不同的深度。不同的层区生活着不同的海洋动植物。许多动物一生都生活在同一层区中，有些动物则会在不同层区之间穿行。多莉在冒险途中，游历了不同的海洋层区，但也有它没去过的地方。现在，让我们一起去探索吧！

远海水域

海洋水层

日光区
海平面

 海龟

暮光区
海平面下约 200 米

 旗鱼

午夜区
海平面下约 1000 米

 鮟鱇鱼

漫游日光区

像运儿这样的鲸鲨，大部分时间都生活在靠近洋面的区域，也就是日光区。这里聚集了大部分的光与热，海藻能充分地进行光合作用。生活在日光区的动物还有海龟、水母、海豹等。鲸鲨和它的鱼类朋友们在这片区域中四处游走，但在它们生活区域的下方，还有一个它们鲜少踏足的陌生世界！

进入暮光区

在海洋中，我们潜得越深，海洋就越黑暗，这是因为日光无法完全穿透海水。当我们来到约200米深的海平面下时，我们就进入了海洋的暮光区。这里的海水比日光区冷得多，由于没有阳光，因此这里不长海藻。鱿鱼、斧头鱼就生活在这里，这里也有水母哦。

潜入午夜区

当我们下潜到海平面下大约1000米时，我们便来到了午夜区。这里漆黑一片，海水冰冷刺骨，只有特殊的动物才可以在这片区域生存。这片区域生活着巨型管虫、蜘蛛蟹和有趣的鮟鱇鱼。鮟鱇鱼长相滑稽，头顶长着一个灯笼状的发光器。它们晃动"灯笼"，把周围的鱼吸引过来，然后捕食它们。在午夜区，这招可是大有用处的哟！

多莉的很多朋友都住在海岸附近的近海水域。虽然这里的面积只占海洋的很小一部分，但生活在这片区域的动物比远海水域多，因为这里的海水更浅、更温暖。现在我们就去了解一下这片栖息地吧！

近海水域

潮间带

还记得我们前面讲过远海水域的不同水层吗？其实，近海水域也有区域划分。近海水域中最热闹的区域叫作潮间带，也就是陆地和海洋的交会处！太阳和月球引力的共同作用引发海洋的潮汐现象，因而这片区域的海水总是在运动中。海螺、螃蟹和扇贝都生活在潮间带。

浪花区
海螺

高潮区
藤壶　　海螺

中潮区
扇贝　　　螃蟹

低潮区
海星　　　　海胆　　　大型褐藻

海獭

与多莉的朋友弗卢克和鲁德尔一样，海獭也是水陆两栖性的哺乳动物。也就是说，它们在陆地和海洋中都能生活。海獭像海狮一样呼吸空气，也可以屏住呼吸好几分钟，以便潜入水中觅食。海獭虽然没有厚厚的脂肪层，但它们拥有一身厚实的皮毛。这层皮毛不但保暖，而且能储存大量的空气，让海獭能够躺在海面上睡大觉。

海星

海星也生活在潮间带，属棘皮动物，这个家族还包括海参、海胆和沙钱。海星住在海底，靠腕上密密麻麻的管足行走，速度缓慢。海星再生能力极强，腕失去后还可以再生！

了解了远海水域和近海水域之后，让我们来看看多莉和尼莫居住的珊瑚礁吧！珊瑚礁就像是一座巨大的城堡，由无数珊瑚虫一代代堆积在一起构成。珊瑚虫是一种终生生活在一个地方的小动物，它和海葵是亲戚哦！

珊瑚礁

五彩斑斓的珊瑚

瑚礁通常形成于较温暖的海域，那里的海水是海洋中最清澈干净的。阳光洒落在浅浅的海水中，让珊瑚礁充满了生机。珊瑚礁是地球上最绚丽多彩的地方之一！那儿住着各种海洋动植物。生活在珊瑚礁里的大部分动物视力都很好，那些五彩斑斓的色彩能够让它们分辨谁是朋友，谁是敌人！

古老的藻类

覆盖在珊瑚礁上的藻类是地球上最古老的生物之一，它们的种类很多。藻类可以进行光合作用并产生氧气。你知道吗？地球上的大部分氧气都是由藻类产生的。像多莉这样的蓝唐王鱼以藻类为食，这对珊瑚礁有好处，因为这样可以防止藻类生长得太快，伤害到珊瑚礁。

大堡礁

大堡礁位于澳大利亚海岸附近，是世界上最大的珊瑚礁。大堡礁有2000多千米长，从太空中都可以看得到。它于1981年被列入世界自然遗产名录，吸引了成千上万来自世界各地的游客前来观赏。

海洋中还有一处奇妙的栖息地，那就是海藻林。海藻林和陆地上的森林类似，只是森林里是树木，而海藻林里全是藻类植物。与珊瑚礁不同，海藻林生长在更加寒冷的水域。现在我们就去了解一下海藻林吧！

海藻林

生长速度惊人！

与生长缓慢的珊瑚不同，海藻是地球上生长得最快的生物之一。巨型海藻在一天之内就可以长30至60厘米呢！海藻林通常生长在波涛涌动的海水中，这其实对海藻很有好处——海水不停地流动，带来丰富的营养物质，让海藻茁壮成长。但如果海浪太大，也会把海藻从礁石上连根拔起。

藏身之地

与珊瑚礁一样，海藻林也是非常好的藏身之地，因此许多动物把海藻林当作庇护所。另外，海藻林还可以保护动物免受风暴袭击。茂密的海藻林就像一块柔软的地毯，可以化解巨浪的威力，保护动物躲过惊涛骇浪。

海獭与海胆

海胆是海星的近亲，它们喜欢生活在海藻林中，并以海藻为食。如果海藻林中海胆的数量太多，它们就会吃掉大量的海藻，海藻林就遭殃了！但别担心，我们有海獭。海藻林也是海獭的家，而海獭非常喜欢吃海胆。就这样，海獭控制了海胆的数量，也保护了海藻林。

我们已经了解了有关海洋栖息地的一些知识，探索了海洋中冰冷、漆黑的午夜区，游览了五彩斑斓的珊瑚礁。这些地方对居住在那里的海洋动物来说非常重要。反过来，动物对栖息地也很重要！现在我们就来看看多莉和它的朋友们对栖息地的重要作用吧。

各尽其责

生态系统

简单来说，生态系统是指生活在那里的所有生物和它们周围的环境。生态系统的每一部分都是相互依赖、相互制约的关系！我们已经了解了一些生态系统的实例，比如，像多莉这样的蓝唐王鱼要依赖珊瑚礁觅食、安家，而蓝唐王鱼以藻类为食，也维护了珊瑚礁的健康。

食物网

在一个生态系统中，往往有很多条食物链。众多的食物链交错连接，就形成了食物网。每个生态系统都有自己的食物网。还记得海藻林里的海獭和海胆吗？它们都是海藻林食物网的一部分。栖息地的每一种动植物都发挥着各自的作用。它们有时是捕食者，有时又是被捕食的对象。

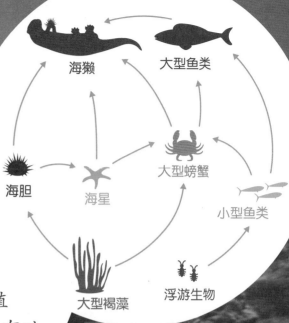

海獭

大型鱼类

海胆

海星

大型螃蟹

小型鱼类

大型褐藻

浮游生物

人类与海洋

人类是地球这个庞大生态系统的一部分。海洋对人类的生存非常重要，当然，人类对海洋也很重要。我们人类有责任保持这个生态系统的平衡。要保护海洋，我们必须做到的是不去过度捕捞，不去污染海洋环境。

我们已经学了很多关于海洋的知识，也认识了多莉的很多朋友，了解了它们的很多秘密。我们明白了它们是如何呼吸、如何活动，遇到危险时是如何保护自己的。同时，我们也知道了它们住在哪里。现在，我们要和多莉及它的朋友们说再见了！

再见，海洋里的朋友们！

再见，在水中呼吸的朋友们！

能和你一起探索海洋，多莉开心极了！尼莫、马林、汉克、运儿，它们都很开心。到目前为止，你已经知道了很多关于小丑鱼、章鱼、鲸鲨和蓝唐王鱼的知识！它们的游泳方式各不相同，它们住在海洋的不同区域，但有一点是共同的，它们都用鳃在水中呼吸氧气！

再见，
在空气中呼吸的
朋友们！

贝利、弗卢克、鲁德尔希望你在探索它们的海洋家园时玩得开心！龟龟和小古也要和你说再见了！要记得哦，白鲸、海狮是哺乳动物。也就说，它们是恒温动物，呼吸空气。海龟是爬行动物，虽然也呼吸空气，但它们是变温动物。

多莉的
海洋之家

多莉生活的珊瑚礁是个神奇的地方，那里是海洋中的众多栖息地之一。每个栖息地都是生态系统的一部分，而每个栖息地的动植物都可以帮助生态系统保持健康。记住，在这个星球上，每种生物都是地球这个庞大的生态系统中的一分子！

想一想

祝贺你从海洋世界的冒险中归来！
你是不是仍然依依不舍呢？请花几分钟
思考一下你从本书中学到的关于海洋的知识，试
着回答下面的问题吧！

1. 为什么有的海洋动物终生都生活在水里，从不上岸而有
的海洋动物既能在水中呼吸，又能在陆地上呼吸呢？它
们分别是如何获取氧气的？

2. 海洋动物为什么要进行迁徙呢？

3. 海洋中的动物都有哪些运动方
式？请举出两个例子，并具体描
述一下。

4. 海洋分为哪几层？它们
各自有什么特点？

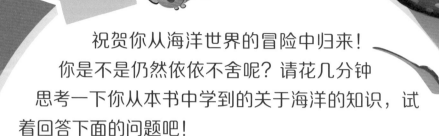

进一步思考

人类作为地球上的重要一员，该
如何与海洋中的生物相处？我们能为它
们做些什么？

填一填

你一定对海洋中的动物有了不少了解吧？请你根据提示，将它们分类整理，填入下图中。如果你在阅读的过程中遇到了其他感兴趣的内容，也可以用你喜欢的方式，将它们分类整理。

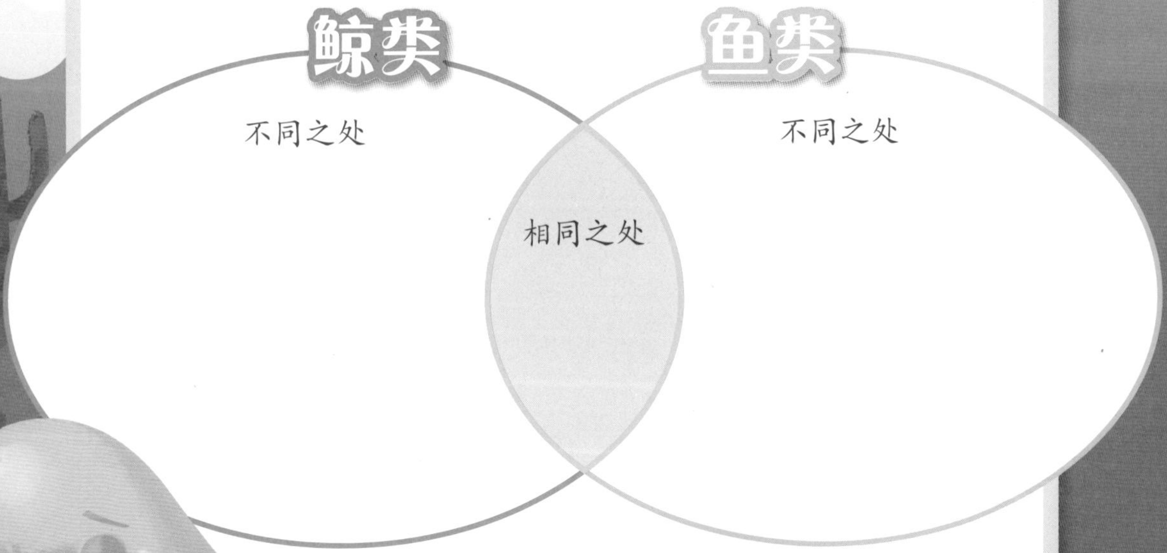

鲸类　　　　　**鱼类**

不同之处　　　　　　　　　　　不同之处

相同之处

图书在版编目（CIP）数据

潜入水世界 / 青橙编著；孔文译 . — 上海：华东
理工大学出版社，2023.6
（超级科学＋系列）
ISBN 978-7-5628-7053-1

Ⅰ.①潜… Ⅱ.①青… ②孔… Ⅲ.①海洋生物－儿
童读物 Ⅳ.① Q178.53-49

中国国家版本馆 CIP 数据核字 (2023) 第 074179 号

审图号：GS（2016）1566 号

项目统筹 / 曾文丽
责任编辑 / 陈　涵
责任校对 / 金美玉
装帧设计 / 居慧娜
出版发行 / 华东理工大学出版社有限公司
　　　　　　地　址：上海市梅陇路 130 号，200237
　　　　　　电　话：021-64250306
　　　　　　网　址：www.ecustpress.cn
　　　　　　邮　箱：zongbianban@ecustpress.cn
印　　刷 / 上海雅昌艺术印刷有限公司
开　　本 / 787 mm×1092 mm 1/16
印　　张 / 3
字　　数 / 32 千字
版　　次 / 2023 年 6 月第 1 版
印　　次 / 2023 年 6 月第 1 次
定　　价 / 30.00 元